BEI GRIN MACHT SICH IHR WISSEN BEZAHLT

Johannes Brenner

Leistungen in Mehrphasensystemen

GRIN Verlag

Bibliografische Information der Deutschen Nationalbibliothek:

Die Deutsche Bibliothek verzeichnet diese Publikation in der Deutschen National-
bibliografie; detaillierte bibliografische Daten sind im Internet über http://dnb.d-
nb.de/ abrufbar.

Impressum:

Copyright © 2007 GRIN Verlag GmbH
Druck und Bindung: Books on Demand GmbH, Norderstedt Germany
ISBN: 978-3-640-12335-3

Dieses Buch bei GRIN:

http://www.grin.com/de/e-book/110749/leistungen-in-mehrphasensystemen

GRIN - Your knowledge has value

Der GRIN Verlag publiziert seit 1998 wissenschaftliche Arbeiten von Studenten, Hochschullehrern und anderen Akademikern als eBook und gedrucktes Buch. Die Verlagswebsite www.grin.com ist die ideale Plattform zur Veröffentlichung von Hausarbeiten, Abschlussarbeiten, wissenschaftlichen Aufsätzen, Dissertationen und Fachbüchern.

Besuchen Sie uns im Internet:

http://www.grin.com/

http://www.facebook.com/grincom

http://www.twitter.com/grin_com

Leistungen in Mehrphasensystemen

J. Brenner, Nürnberg

Inhaltsverzeichnis

Leistungen in Mehrphasensystemen
J. Brenner, Nürnberg

1 Bereich und Betrag der Wirkleistung in Mehrphasensystemen

Im Bild 1 ist eine beliebige Schnittstelle zwischen Quelle und Verbraucher eines Mehrphasensystems mit n = m Außenleiter +1 Neutralleiter dargestellt.

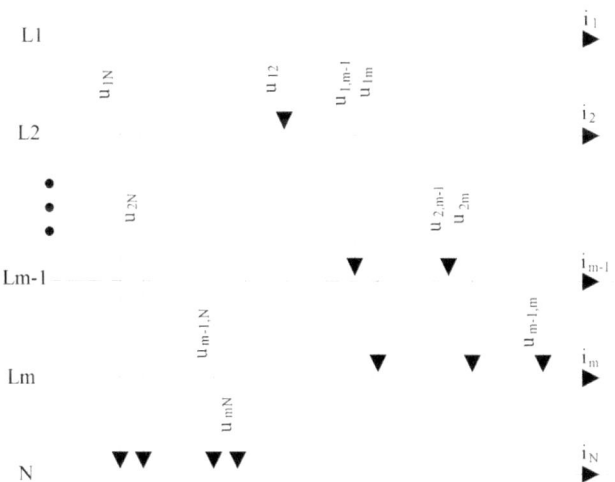

Bild 1: Schnittstelle eines Mehrphasensystems mit Neutralleiter

Sind die dort vorliegenden Augenblickswerte periodische Zeitfunktionen gleicher Periodendauer T, dann können an dieser Schnittstelle u.a. die Effektivwerte

$$U_{\mu N} = \sqrt{\frac{1}{T} \int_0^T u_{\mu N}^2 dt} \, ; \mu = 1, 2, \cdots, m-1, m \tag{1.1}$$

und

$$I_\mu = \sqrt{\frac{1}{T} \int_0^T i_\mu^2 dt} \, ; \mu = 1, 2, \cdots, m-1, m \tag{1.2}$$

sowie, abhängig von der Energieflussrichtung, die Wirkleistung [1]

$$P = \pm \sum_{\mu=1}^m \frac{1}{T} \int_0^T u_{\mu N} i_\mu dt \tag{1.3}$$

gemessen werden. Den Zusammenhang dieser Messgrößen beschreibt die Schwarzsche Ungleichung [2]

$$\left(\sum_{\mu=1}^{m}\frac{1}{T}\int_0^T u_{\mu N}i_\mu dt\right)^2 \leq \left(\sum_{\mu=1}^{m}\frac{1}{T}\int_0^T u_{\mu N}^2 dt\right)\left(\sum_{\mu=1}^{m}\frac{1}{T}\int_0^T i_\mu^2 dt\right) \tag{1.4}$$

oder mit den Gleichungen (1.1), (1.2) und (1.3)

$$P^2 \leq \left(\sum_{\mu=1}^{m} U_{\mu N}^2\right)\left(\sum_{\mu=1}^{m} I_\mu^2\right) \tag{1.5}$$

Daraus folgt für den Bereich und den Betrag der Wirkleistung im Mehrphasensystem mit Neutralleiter

$$-\sqrt{\sum_{\mu=1}^{m} U_{\mu N}^2}\sqrt{\sum_{\mu=1}^{m} I_\mu^2} \leq P \leq \sqrt{\sum_{\mu=1}^{m} U_{\mu N}^2}\sqrt{\sum_{\mu=1}^{m} I_\mu^2} \tag{1.6}$$

und

$$|P| \leq \sqrt{\sum_{\mu=1}^{m} U_{\mu N}^2}\sqrt{\sum_{\mu=1}^{m} I_\mu^2} \tag{1.7}$$

Im Bild 2 ist eine beliebige Schnittstelle zwischen Quelle und Verbraucher eines Mehrphasensystems mit n = m Außenleiter dargestellt.

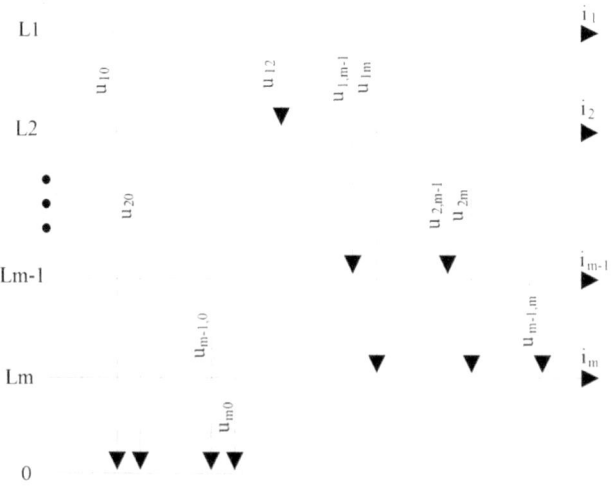

Bild 2: Schnittstelle eines Mehrphasensystems ohne Neutralleiter

Sind die dort vorliegenden Augenblickswerte periodische Zeitfunktionen gleicher Perioden-dauer T, dann können an dieser Schnittstelle u.a. die Effektivwerte

$$U_{\mu 0} = \sqrt{\frac{1}{T} \int_0^T u_{\mu 0}^2 dt} \, ; \, \mu = 1, 2, \cdots, m-1, m \tag{1.8}$$

und

$$I_{\mu} = \sqrt{\frac{1}{T} \int_0^T i_{\mu}^2 dt} \, ; \, \mu = 1, 2, \cdots, m-1, m \tag{1.9}$$

sowie, abhängig von der Energieflussrichtung, die Wirkleistung [1]

$$P = \pm \sum_{\mu=1}^{m} \frac{1}{T} \int_0^T u_{\mu 0} i_{\mu} dt \tag{1.10}$$

gemessen werden. Den Zusammenhang dieser Messgrößen beschreibt die Schwarzsche Ungleichung [2]

$$\left(\sum_{\mu=1}^{m} \frac{1}{T} \int_0^T u_{\mu 0} i_{\mu} dt \right)^2 \le \left(\sum_{\mu=1}^{m} \frac{1}{T} \int_0^T u_{\mu 0}^2 dt \right) \left(\sum_{\mu=1}^{m} \frac{1}{T} \int_0^T i_{\mu}^2 dt \right) \tag{1.11}$$

oder mit den Gleichungen (1.8), (1.9) und (1.10)

$$P^2 \le \left(\sum_{\mu=1}^{m} U_{\mu 0}^2 \right) \left(\sum_{\mu=1}^{m} I_{\mu}^2 \right) \tag{1.12}$$

Daraus folgt für den Bereich und den Betrag der Wirkleistung im Mehrphasensystem ohne Neutralleiter

$$-\sqrt{\sum_{\mu=1}^{m} U_{\mu 0}^2} \sqrt{\sum_{\mu=1}^{m} I_{\mu}^2} \le P \le \sqrt{\sum_{\mu=1}^{m} U_{\mu 0}^2} \sqrt{\sum_{\mu=1}^{m} I_{\mu}^2} \tag{1.13}$$

und

$$|P| \le \sqrt{\sum_{\mu=1}^{m} U_{\mu 0}^2} \sqrt{\sum_{\mu=1}^{m} I_{\mu}^2} \tag{1.14}$$

2 Scheinleistungen in Mehrphasensystemen

Mit der Definition

Die Scheinleistung ist der Betrag der größten Wirkleistung, die mit den jeweils vor-liegenden Spannungs- und Stromeffektivwerten erreicht werden kann,

folgt aus der Betragsungleichung (1.7) für die Scheinleistung im Mehrphasensystem mit Neutralleiter

$$S = \sqrt{\sum_{\mu=1}^{m} U_{\mu N}^2} \sqrt{\sum_{\mu=1}^{m} I_{\mu}^2} \qquad (2.1)$$

und aus der Betragsungleichung (1.14) für die Scheinleistung im Mehrphasensystem ohne Neutralleiter

$$S = \sqrt{\sum_{\mu=1}^{m} U_{\mu 0}^2} \sqrt{\sum_{\mu=1}^{m} I_{\mu}^2} \qquad (2.2)$$

Mit der Effektivwertgleichung [3]

$$\sum_{\substack{\mu,\nu=1 \\ \nu>\mu}}^{m} U_{\mu\nu}^2 = m \sum_{\mu=1}^{m} U_{\mu 0}^2 \qquad (2.3)$$

wird die Scheinleistungsgleichung (2.2) alternativ

$$S = \sqrt{\frac{1}{m} \sum_{\substack{\mu,\nu=1 \\ \nu>\mu}}^{m} U_{\mu\nu}^2} \sqrt{\sum_{\mu=1}^{m} I_{\mu}^2} \qquad (2.4)$$

3 Leistungsfaktor in Mehrphasensystemen

Mit den Scheinleistungsgleichungen (2.1) und (2.2) werden die Bereichsungleichungen (1.6) und (1.13)

$$-S \leq P \leq S \qquad (3.1)$$

oder

$$-1 \leq \frac{P}{S} \leq 1 \qquad (3.2)$$

Mit der Definition

Der Leistungsfaktor ist das Verhältnis von Wirkleistung zu Scheinleistung

$$\lambda = \frac{P}{S} \qquad (3.3)$$

wird die Ungleichung (3.2)

$$-1 \leq \lambda \leq 1 \qquad (3.4)$$

d.h. auf Grund dieser Ungleichung ist es möglich, für den Leistungsfaktor den Kosinus eines Winkels Φ einzuführen.

$$\lambda = \cos \Phi; 0 \le \Phi \le \pi \tag{3.5}$$

Der Winkel Φ ist eindeutig bestimmt, wenn er auf $0 \le \Phi \le \pi$ beschränkt wird.

4 Wirkleistung in Mehrphasensystemen

Mit Gleichung (3.5) folgt aus Gleichung (3.3) für die Wirkleistung

$$P = S \cos \Phi; 0 \le \Phi \le \pi \tag{4.1}$$

Dabei gehören zu $0 \le \Phi < \pi/2$ positive P- Werte (Wirkleistungsbezug) und zu $\pi/2 < \Phi \le \pi$ negative P- Werte (Wirkleistungsabgabe). Zu $\Phi = \pi/2$ gehört der Wert $P = 0$.

5 Blindleistung in Mehrphasensystemen

Mit der Definition

Der Betrag der Wirkleistung und die Blindleistung sind die beiden orthogonalen Komponenten der Scheinleistung

lassen sich diese nur positiv definierten drei Leistungsgrößen nach Bild 3 als rechtwinkliges Dreieck darstellen.

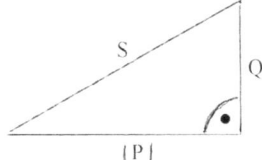

Bild 3: Orthogonale Komponenten der Scheinleistung

Folglich gilt

$$S^2 = |P|^2 + Q^2$$

oder

$$S^2 = P^2 + Q^2 \tag{5.1}$$

Für die Blindleistung folgt daraus

$$Q = \sqrt{S^2 - P^2} \tag{5.2}$$

Mit Gleichung (4.1) wird diese Gleichung

$$Q = \sqrt{S^2 - S^2 \cos^2 \Phi} = S\sqrt{1 - \cos^2 \Phi}$$

oder

$$Q = S \sin \Phi; 0 \leq \Phi \leq \pi \tag{5.3}$$

6 Scheinleistungen in speziellen Mehrphasensystemen

Die Scheinleistung im Einphasen-Zweileitersystem wird nach Gleichung (2.1) mit $m = 1$

$$S = U_{1N} I_1$$

oder mit $U_{1N} = U$ und $I_1 = I$

$$S = U I \tag{6.1}$$

Die Scheinleistung im Zweiphasen-Zweileitersystem wird nach Gleichung (2.2) und (2.3) mit $m = 2$

$$S = \sqrt{U_{10}^2 + U_{20}^2} \sqrt{I_1^2 + I_2^2} = \sqrt{\frac{1}{2} U_{12}^2} \sqrt{I_1^2 + I_2^2}$$

oder mit $U_{10} = U_{20} = U_{12} / 2$ und $I_1 = I_2 = I$

$$S = U_{12} I \tag{6.2}$$

Die Scheinleistung im Zweiphasen-Dreileitersystem wird nach Gleichung (2.1) mit $m = 2$

$$S = \sqrt{U_{1N}^2 + U_{2N}^2} \sqrt{I_1^2 + I_2^2} \tag{6.3}$$

Die Scheinleistung im Dreiphasen-Dreileitersystem wird nach Gleichung (2.2) und (2.3) mit $m = 3$

$$S = \sqrt{U_{10}^2 + U_{20}^2 + U_{30}^2} \sqrt{I_1^2 + I_2^2 + I_3^2} = \sqrt{\frac{1}{3}\left(U_{12}^2 + U_{13}^2 + U_{23}^2\right)}\sqrt{I_1^2 + I_2^2 + I_3^2} \tag{6.4}$$

Die Scheinleistung im Dreiphasen-Vierleitersystem wird nach Gleichung (2.1) mit $m = 3$

$$S = \sqrt{U_{1N}^2 + U_{2N}^2 + U_{3N}^2} \sqrt{I_1^2 + I_2^2 + I_3^2} \tag{6.5}$$

Die Scheinleistung im Sechsphasen-Sechsleitersystem wird nach Gleichung (2.2) und (2.3) mit $m = 6$

$$S = U_6 I_6 \tag{6.6}$$

wobei

$$U_6 = \sqrt{U_{10}^2 + U_{20}^2 + U_{30}^2 + U_{40}^2 + U_{50}^2 + U_{60}^2}$$

$$= \sqrt{\frac{1}{6}\left(U_{12}^2 + U_{13}^2 + U_{14}^2 + U_{15}^2 + U_{16}^2 + U_{23}^2 + U_{24}^2 + U_{25}^2 + U_{26}^2 + U_{34}^2 + U_{35}^2 + U_{36}^2 + U_{45}^2 + U_{46}^2 + U_{56}^2\right)} \tag{6.7}$$

$$I_6 = \sqrt{I_1^2 + I_2^2 + I_3^2 + I_4^2 + I_5^2 + I_6^2} \tag{6.8}$$

Im symmetrischen Dreiphasen-Dreileitersystem ist $U_{10} = U_{20} = U_{30}, U_{12} = U_{13} = U_{23}$ und $I_1 = I_2 = I_3$. Folglich wird die Scheinleistung nach Gleichung (6.4) in diesem System

$$S = 3U_{10}I_1 = \sqrt{3}U_{12}I_1 \tag{6.9}$$

Im symmetrischen Dreiphasen-Vierleitersystem ist $U_{1N} = U_{2N} = U_{3N}$ und $I_1 = I_2 = I_3$. Folglich wird die Scheinleistung nach Gleichung (6.5) in diesem System

$$S = 3U_{1N}I_1 \tag{6.10}$$

7 Beispiele

Mit den Messwerten im Einphasen- Zweileitersystem

$$U = 100\,[V]; I = 5\,[A]; P = 460\,[W]$$

berechnen sich die Scheinleistung, der Leistungsfaktor und die Blindleistung

$$S = U\,I = 100 \cdot 5 = 500\,[W]$$

$$\cos\Phi = P/S = 460/500 = 0,92$$

$$\Phi = \arccos P/S = \arccos 0,92 = 23,1°$$

$$Q = S\sin\Phi = 500 \cdot \sin 23,1° = 196\,[W]$$

Mit den Messwerten im Dreiphasen- Dreileitersystem

$$U_{10} = 59\,[V]; U_{20} = 58\,[V]; U_{30} = 60\,[V]$$

$$I_1 = 4\,[A]; I_2 = 5\,[A]; I_3 = 6\,[A]$$

$$P = 650\,[W]$$

berechnen sich die Scheinleistung, der Leistungsfaktor und die Blindleistung

$$S = \sqrt{U_{10}^2 + U_{20}^2 + U_{30}^2}\sqrt{I_1^2 + I_2^2 + I_3^2} = \sqrt{59^2 + 58^2 + 60^2}\sqrt{4^2 + 5^2 + 6^2} = 896,8\,[W]$$

$$\cos\Phi = P/S = 650/896,8 = 0,725$$

$$\Phi = \arccos P/S = \arccos 0,725 = 43,6°$$

$$Q = S\sin\Phi = 896,8\sin 43,6° = 617,9\,[W]$$

Mit den Messwerten im Dreiphasen- Vierleitersystem

$$U_{1N} = 220\,[V]; U_{2N} = 219\,[V]; U_{3N} = 222\,[V]$$

$$I_1 = 10\,[A]; I_2 = 9\,[A]; I_3 = 11\,[A]$$

$$P = -5200\,[W]$$

berechnen sich die Scheinleistung, der Leistungsfaktor und die Blindleistung

$$S = \sqrt{U_{1N}^2 + U_{2N}^2 + U_{3N}^2}\sqrt{I_1^2 + I_2^2 + I_3^2} = \sqrt{220^2 + 219^2 + 222^2}\sqrt{10^2 + 9^2 + 11^2} = 6632\,[W]$$

$$\cos\Phi = P/S = -5200/6632 = -0,784$$

$$\Phi = \arccos P/S = \arccos(-0,784) = 141,6°$$

$$Q = S\sin\Phi = 6632\sin 141,6° = 4116\,[W]$$

Literatur

[1] J. Brenner: Wirkleistungen in Mehrphasensystemen

[2] J. Brenner: Schwarzsche Ungleichungen

[3] J. Brenner: Spannungen in Mehrphasensystemen